AF125056

BEI GRIN MACHT SICH IHR
WISSEN BEZAHLT

- Wir veröffentlichen Ihre Hausarbeit,
  Bachelor- und Masterarbeit

- Ihr eigenes eBook und Buch -
  weltweit in allen wichtigen Shops

- Verdienen Sie an jedem Verkauf

Jetzt bei www.GRIN.com hochladen
und kostenlos publizieren

Bibliografische Information der Deutschen Nationalbibliothek:

Die Deutsche Bibliothek verzeichnet diese Publikation in der Deutschen National-
bibliografie; detaillierte bibliografische Daten sind im Internet über http://dnb.d-
nb.de/ abrufbar.

Impressum:

Copyright © 2012 GRIN Verlag
Druck und Bindung: Books on Demand GmbH, Norderstedt Germany
ISBN: 9783668897618

Dieses Buch bei GRIN:

https://www.grin.com/document/458856

Christian Summerer

Das allgemeine nichtlineare System für die Wirtschafts- und Zinsentwicklung

GRIN Verlag

GRIN - Your knowledge has value

Der GRIN Verlag publiziert seit 1998 wissenschaftliche Arbeiten von Studenten, Hochschullehrern und anderen Akademikern als eBook und gedrucktes Buch. Die Verlagswebsite www.grin.com ist die ideale Plattform zur Veröffentlichung von Hausarbeiten, Abschlussarbeiten, wissenschaftlichen Aufsätzen, Dissertationen und Fachbüchern.

Besuchen Sie uns im Internet:

http://www.grin.com/

http://www.facebook.com/grincom

http://www.twitter.com/grin_com

Das allgemeine nichtlineare System für Wirtschafts-und Zinsentwicklung

schriftliche Ausarbeitung des Vortrages von Christian Summerer, vorgelegt am

30. Juni 2012

Inhaltsverzeichnis

1 Einführung

1.1 Einleitung

Um wirtschaftliche Prozesse - wie z.b. Konjunkturzyklen - besser zu verstehen und die dort herrschenden Bewegungen einordnen zu können, ist es durchaus sinnvoll, sich Hilfsmittel aus der Mathematik zu Nutze zu machen. Hierbei kann man sich insbesondere der Theorie von *Differentialgleichungen* und *Differentialgleichungssystemen* (bzw. *Dynamischen Systemen*) bedienen, indem man die Finanzmärkte, Konjunkturzyklen sowie Änderungen von Zins und Inflation *dynamisch* modelliert und in Form von Differentialgleichungen auffasst. Wir wollen im Folgenden untersuchen, inwieweit Gesetzmäßigkeiten auf die angegebenen wirtschaftlichen *Größen* vorzufinden sind, und wie wir diese Frage mit Hilfe unseres mathematischen Werkzeuges beantworten können. Dafür fangen wir zunächst mit einer kleinen Motivation an, die uns nochmal vor Augen führt, warum es sinnvoll ist, unsere betrachteten Prozesse dynamisch zu modellieren, d.h. veränderlich in der Zeit, und welche Vorteile dieses Vorgehen hat gegenüber einer - makroökonomisch - typischen statischen Betrachtung eines Marktes im Gleichgewicht.

Wir werden dann als erstes die *Konjunkturgleichung* betrachten, sowie herleiten und hinsichtlich ihrer Dynamik analysieren. Anschließend werden wir selbiges mit der *Zinsgleichung* durchführen, ehe wir zum Schwerpunkt dieser Arbeit gelangen und das "*allgemeine nichtlineare System für die Wirtschafts- und Zinsentwicklung*" hinsichtlich seiner *Stabilität* untersuchen und auch prüfen werden, ob hier etwaige *Grenzzyklen* existieren (können). Dafür testen wir die Bedingungen einer so genannten *Hopf-Bifurkation* und diskutieren anschließend, was wir anhand unserer Ergebnisse *gewonnen* haben und fassen diese nochmals zusammen.

1.2 Warum betrachten wir die Ökonomie hier dynamisch?

Bevor wir uns sofort der Wirtschaft zuwenden, sollte man nochmal genau herausheben, was uns eine *Differentialgleichung* liefert. Wir möchten uns hier auf zeitstetige[1] Prozesse beschränken, um eben genau zu *jedem* Zeitpunkt Aussagen treffen zu können. Ziel ist es, die Änderung wirtschaftlicher Größen mit der Zeit ausdrücken zu können, um eben nicht, wie in Grundvorlesungen der Makro-und Mikroökonomie üblich, nur einen (statischen) Markt zu betrachten. Schließlich handelt es sich hierbei eben nur um *einen* Zustand, weshalb man eben nicht in der Lage ist, zu analysieren, wie sich Börsen-und Konjunkturzyklen *in der Zeit* verhalten. Will man also auch hier an Einblick und Erkenntnissen gewinnen, so ist eine dynamische Betrachtung unabdingbar. Es reicht nun nicht mehr, gewöhnliche algebraische Gleichungen zu betrachten, wie etwa die aus der Makroökonomie stammende Wald-und Wiesengleichung $Y = C + S + T$.

---

[1]man könnte auch diskrete Prozesse betrachten, was aber in der Natur der Sache hier nicht sinnvoll ist.

In Worten: Das Volkseinkommen (Y) setzt sich zusammen aus der Summe von *Konsum* (C), *Sparen* (S) und *Steuern* (T).

Eine *Differentialgleichung* hingegen beschreibt in Abhängigkeit von der Zeit z.b. wie sich das Investitionsverhalten von Unternehmen ändert, wenn der Zins (r) steigt bzw. fällt. Es geht also auch insbesondere um die gegenseitige Beeinflussung der miteinander verbundenen Größen. Der Vorteil einer dynamischen Betrachtung wird nun deutlich.

1.3   Ziel dieser Arbeit

Durch die *Dynamisierung* unserer Zusammenhänge aus der Volkswirtschaft, wodurch diese weiterhin gewährleistet bleiben, wollen wir eine wechselseitige Wirkung von Konjunktur und Zinsen überprüfen. Hierzu eignet sich insbesondere die Betrachtung eines Systems, welches sowohl die Dynamik des Einkommens, als auch die des Zinses **zusammen** betrachtet. Man spricht hier von einem gekoppelten System, denn, wie wir in dieser Ausarbeitung feststellen werden, hängen unsere betrachteten Größen gegenseitig voneinander ab. Aufgrund dieser Tatsache und mit Hilfe von gängigen Methoden der Stabilitätsanalyse von (nichtlinearen) dynamischen Systemen, können wir sogar prüfen, wie die wechselseitige Wirkung aussehen kann und welche Voraussetzungen jeweils dafür zugrunde liegen.

2 Gleichung 1: Die *Konjunkturgleichung*

Als erste Gleichung betrachten wir die so genannte *Konjunkturgleichung*. Sie ist (bzw. soll) per Definition stets erfüllt (erfüllt sein).

2.1 Die Gleichung und ihre Aussage

Es bezeichne Y das Bruttosozialprodukt (BSP), G die Produktion staatlicher Leistungen, I die private Investition, C_p die Produktion von Konsumgütern und C_k den Konsum. Die Variablen S und T haben dieselbe Bezeichnung wie in *1.2*, nämlich Sparen und Steuern. Dann gilt folgende Gleichheit:

$$\underbrace{G + I + C_p}_{Produktionsseite} = Y = C_k + S + T \quad (1)$$

Produktionsseite

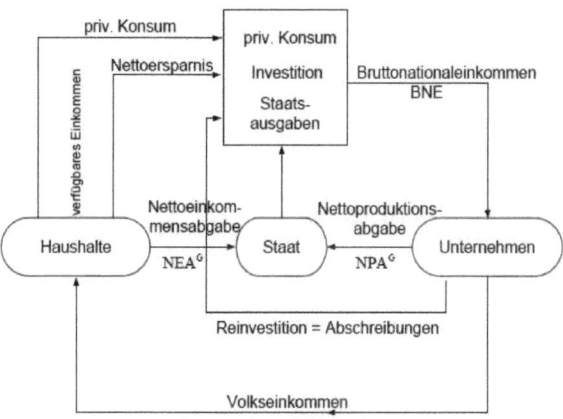

Die Abbildung zeigt den Kreislauf einer geschlossenen Wirtschaft mit Staat (Quelle: Makro Skript, PhD Braun)

Wir wollen nun eine Dynamik für Y entwickeln.

2.2 Herleitung der (dynamischen) Gleichung

Obwohl C_p in (1) nicht sinngemäß C_k entspricht, so gilt jedoch $|C_p| = |C_k|$. Wir nehmen nun an, dass der Staat gerade so viel produziert, wie er auch Steuern einnimmt, kurz, ein ausgeglichenes Staatsbudget resultiert. Dies kann kurzum wie folgt aufgefasst werden:
$$G = T \quad \text{bzw.} \quad G - T = 0.$$

Damit verkürzt sich (1) zu:

$$I + C_p = Y = C_k + S \quad (1.1)$$

Die beiden $C's$ stehen in wechselseitiger Beziehung zueinander, d.h., wird C auf der rechten Seite kleiner, so auch C auf der linken Seite. Dies hat auch Auswirkungen auf I :

Die Investitionen werden um nicht eingeplante Lagerinvestitionen erweitert und damit wird I größer. Wir nehmen daher die Unterteilung

$$I = I_{geplant} + I_{Lager} \quad \text{vor und erhalten somit für (1.1), } dass$$

$$I_{geplant} + I_{Lager} + C_p = Y = C_k + S. \quad (1.2)$$

Auf der Produzentenseite sind nun unerwüschte Lagerbestände, was zur Folge hat, dass eine Produktionskürzung vorgenommen wird, es werden also auch weniger Löhne bezahlt, wodurch auch das Volkseinkommen Y sinkt, solange bis I_{Lager} abgebaut ist (d.h. bis $I_{Lager} = 0$). Diese Veränderung von Y durch I_{Lager} ausgelöst wird als *Investionsmultiplikator* bezeichnet. Nach Kürzen der $C's$ folgt : $I_{geplant} + I_{Lager} = S.$ (1.3)

Dynamisch führt das ganze zu folgender Gleichung (weil $I_{Lager} = 0 \Longleftrightarrow I_{geplant} - S = 0$):

$$Y'(t) = f(I_{geplant} - S) \quad (1.4) \, ,$$

wobei f eine stetige *vorzeichenerhaltende, monoton steigende* Funktion ist, mit der Eigenschaft, dass $f(0) = 0$ erfüllt sein muss.

Aus (1.4) können wir nun sofort folgendes herleiten:

- Das Volkseinkommen Y wird dann kleiner, wenn die Konsumenten mehr sparen, als von den Produzenten eingeplant wurde

- Umgekehrt wird Y größer, wenn mehr konsumiert wird, da der Lagerabbau sich verringert bzw. es eine Produktionserhöhung gibt

- Entsprechen die geplanten Investitionen gerade dem Sparverhalten, bleibt Y konstant ($Y'(t) = 0$).

Tatsächlich handelt es sich bei $I_{geplant}$ (und auch S) nur um eine *Hilfsgröße*, die wir eingeführt haben. Innerhalb des *IS-LM-Modells*[2] wird angenommen, dass $I_{geplant}$ selber wieder abhängig von den Variablen Y, r und T ist. Es ist daher sinnvoll, $I_{geplant}$ als Funktion von den angegebenen Größen darzustellen, d.h.

$$I_{geplant} = I(Y, r, T). \quad (1.5)$$

Man kann sich schnell davon überzeugen, dass für die *partiellen* Ableitungen folgende Eigenschaften erfüllt sind:

- $\partial_Y I \geq 0$ was bedeutet, dass die Investitionsfunktion positiv auf eine Einkommenserhöhung reagiert

- $\partial_r I \leq 0$ und $\partial_T I \leq 0$, da nach einer Zins - bzw. Steuererhöhung weniger investiert wird.

Analog kann man auch die Ersparnisse S als Funktion darstellen, d.h.

$$S = S(Y, r, T). \quad (1.6)$$

Hier findet man für die *partiellen* Ableitungen die folgenden Eigenschaften:

- $\partial_Y S \geq 0$ und $\partial_r S \geq 0$ (je höher Einkommen bzw. Zinsen, desto mehr wird i.d.R. gespart)

- $\partial_T S \leq 0$, d.h. hohe Steuern führen nahezu zwangsläufig zu *tieferen* Ersparnissen.

Setzen wir nun in *(1.4)* unsere Funktionen aus *(1.5)* und *(1.6)* ein, erhalten wir letztlich

$$\boxed{Y'(t) = f(I(Y, r, T) - S(Y, r, T)). \quad (1.7)}$$

Der Einfachheit halber wird öfters konkret $f(x) = \alpha x$ verwendet[3], mit $\alpha > 0$ konstant. Man beachte, dass unter dieser Betrachtung nicht gefordert werden muss, dass die Funktionen I und S linear sein müssen und dass für $\alpha \to \infty$ Y gerade so groß ist, dass

$$I(Y, r, T) = S(Y, r, T)$$

gilt und unsere ursprünglichen (statischen) Ausgangsgleichungen *(1)* und *(1.3)* weiterhin nicht verletzt sind.

Bemerkung 1.71 In der weiteren Betrachtung werden wir die Abhängigkeit von den Steuern T in unserem Modell nicht weiter berücksichtigen.

---

[2]grob: gesamtwirtschaftliche Güternachfrage = gesamtwirtschaftliches Güterangebot=Volkseinkommen
[3]z.B. von Giancarlo Gandolfo, italienischer Wirtschaftsprofessor.

3 Gleichung 2: Die *Zinsgleichung*

Als zweite Gleichung betrachten wir hier die *Zinsgleichung*. Wir werden eine (ökonomische) Herleitung der Dynamik für den Zins r geben.

3.1 Geldnachfrage und Geldangebot

Nach der *Liquiditätstheorie*[4] ergibt sich die Höhe des *realen* Zinssatzes r aufgrund von *Angebot* und *Nachfrage* nach Geld. Hier meint Geld nicht nur Bargeld, sondern auch Giralgeld.

Zunächst interessieren wir uns für die *Geldnachfrage*, die wir kurz mit MD[5] abkürzen. Wir betrachten folgende Unterteilung:

$$MD = MD_{Tr} + MD_{Sp} \quad (2.1)$$

wobei Tr für die *Transaktionskasse* und Sp für die *Spekulationskasse* steht. Die Frage, die sich unweigerlich stellt, ist: Warum machen wir diese Unterteilung?

Hat man Geld, so kann davon ausgegangen werden, dass man dieses Geld erhalten möchte. Man ist also an der Optimierung dieses Erhaltes interessiert. Man braucht also kein überschüssiges Bargeld und möchte lieber Geld anlegen (*Transaktionskasse*). Für unerwartete Verpflichtungen/Ereignisse sollte man aber eine Bargeldreserve zur Verfügung haben[6], auf die man bei Bedarf auch zugreifen kann (ohne die Transaktionskasse zu beanspruchen). Derartige Fälle werden daher der *Spekulationskasse* zugeordnet.

Man beachte, dass die *Transaktionskasse* ausschließlich vom (eigenen) Einkommen abhängt, und zwar in positiver *Richtung*, d.h.

wir haben $MD_{Tr} = MD_{Tr}(Y)$ und $\partial_Y MD_{Tr} > 0$ (2.2), also je mehr Einkommen man hat, desto mehr Geld benötigt man.

Für die *Spekulationskasse* machen wir folgende Beobachtung: Je höher die Zinsen, desto mehr Geld möchte man in zinsträchtige Anleihen investieren und somit seine *Spekulationskasse* reduzieren. Die *spekulative* Geldnachfrage hängt also *negativ* vom Zinsniveau ab, d.h.

wir haben $MD_{Sp} = MD_{Sp}(r)$ und $\partial_r MD_{Sp} < 0$ (2.3)

$$\underset{(2.2)\&(2.3)}{\Longrightarrow} MD = MD(Y, r), \text{ mit } \partial_Y MD > 0 \text{ und } \partial_r MD < 0 \quad (2.4).$$

Damit haben wir uns die *Nachfrageseite* angesehen und betrachten nun die *Geldangebotsseite*.

---

[4]John M. Keynes: "Allgemeine Theorie der Beschäftigung, des Zinses und des Geldes"
[5]Englisch: *money demand*
[6]*empfohlener* Wert: 2-3 Monatseinkommen

Das Geldangebot MS[7] setzt sich aus der von der EZB zur Verfügung gestellten Geldmenge M[8] sowie allenfalls der daraus resultierenden *Geldschöpfung* des privaten Bankensektors zusammen. Je höher die Zinsen sind, desto mehr vergeben Banken Kredite anstatt Geld in der Kasse zu halten, wodurch die gesamte Geldmenge erhöht wird. Folglich ist private Geldschöpfung positiv vom Zinsniveau abhängig, d.h.

wir haben also $MS = MS(M, r)$ und $\partial_M MS > 0$ sowie $\partial_r MS \geq 0$ (2.5).

3.2 Herleitung einer Gleichung für die Dynamik des Zinses

Sei zunächst das Geldangebot fix und mit MS^* bezeichnet. Dann betrachten wir für die Dynamik der Zinsen die Geldnachfrage aus (2.4). Wir nehmen an, dass Y steigt, beispielsweise aufgrund von Steuersenkungen, und somit auch die Geldnachfrage zunimmt. *Was bedeutet das für uns Privatpersonen?* Nun, unter der Annahme, dass wir im Besitz von (zinsträchtigen) Anleihen sind, werden wir unter diesem Umstand mehr Bargeld wollen, und somit unsere Anleihen verkaufen. Bei derartigem "Herdenverhalten" fallen natürlich die Kurse der Anleihen, was aber (gleichzeitig) zu höheren Renditen von diesen führt, will meinen: Die Zinsen steigen! *Wie hat man das zu verstehen? Hierzu ein Beispiel:*

Beispiel 3.2.1 Angenommen, in unserem betrachteten Fall, der Kurs einer zehnjährigen Anleihe mit Nominalzins *5%* wird auf *90%* ihres Wertes "gedrückt". Wir kaufen uns eine derartige Anleihe und erhalten zu den 5% jährlichen Ertrag noch einen Kursgewinn von 10% (d.h. quasi 1% pro Jahr), genauer gesagt, unsere Anleihe hat nun eine Rendite von 6%.

Man kann also sagen: Der Mechanismus von Anleihenkurs und Verzinsung verhält sich reziprok.

Sobald die Zinsen eine Höhe erreicht haben, bei der es sich so lohnt, Anleihen (wieder) zu kaufen (bzw. zu behalten), beginnt also der Aufbau der *Spekulationskasse*. Auf diesem Zinsniveau hält sich eine Verschiebung innerhalb der Geldnachfrage die Waage mit dem Geldangebot, welches ja als fixiert behandelt wurde. Wenn sich also Y nicht ändert, bleibt auch r unverändert. Um also eine Schwankung innerhalb der Geldnachfrage auszugleichen, wird r geändert. Daran ändert sich auch nichts, wenn man das Geldangebot nicht mehr als fix annimmt, d.h. $MS = MS(M, r)$, womit man folgende Gleichung für eine *Dynamik* des Zinses erhält:

$$r'(t) = h(MD(Y, r) - MS(M, r))\ (2.6)\ ,$$

mit h(x) monoton steigend, h(0)=0 und vorzeichenerhaltend.

---

[7] Englisch: *money supply*
[8] hier gibt es eine Unterteilung in M_1 bis M_3, deren Bedeutung z.B. unter "Geldmenge" auf Wikipedia nachzulesen ist.

Zusammenfassung: Die Gleichung in (2.6) sagt im Wesentlichen aus, dass sich die Zinsen immer in die Richtung bewegen, die zum Ausgleich der Differenz zwischen Geldnachfrage und Geldangebot führt. Ist $MD > MS$, so hat man eine *Überschussnachfrage*[9], für $MS > MD$ dementsprechend ein *Überschussangebot*[10].

Bemerkung 2.61 Wenn auch nicht explizit erwähnt, sind wir in Abschnitt 3.2 von einem konstanten Preisniveau ausgegangen, was nicht ohne Weiteres selbstverständlich ist. Die Geldmenge M ist eine *nominelle* Größe. Für Einkommen und Zinsen ist die *reale* Geldmenge entscheidener, man kann sie durch $m = \frac{M}{p}$ darstellen. Sind die Preise also variabel, ändert sich (2.6) zu

$$r'(t) = h(MD(Y, r) - MS(\tfrac{M}{p}, r)) \quad (2.6')$$

was nichts anderes heißt, als dass das Geldangebot nun zusätzlich auch vom Preisniveau p abhängt. Es ist schnell ersichtlich, dass gilt:

- $\partial_{\frac{M}{p}} MS > 0$
- $\partial_p MS < 0$.

Bemerkung 2.62 In vereinfachter linearer Form ist unsere *Gleichung 2* entsprechend $r'(t) = \alpha Y(t) - \beta M(t) + \gamma p(t)$, mit $\alpha, \beta, \gamma > 0$ konstant.

---

[9] *Das Angebot deckt nicht die Nachfrage*
[10] *zu wenig Nachfrage zur angebotenen Menge*

4 Das allgemeine nichtlineare System für die Wirtschafts- und Zinsentwicklung

Wir fassen nochmal die Hauptergebnisse aus den vorangegangenen Abschnitten zusammen:

1. $Y'(t) = f(I(Y,r) - S(Y,r))$ mit $\partial_Y I \geq 0$, $\partial_r I \leq 0$, sowie $\partial_Y S \geq 0$, $\partial_r S \geq 0$.

2. $r'(t) = h(MD(Y,r) - MS(M,r))$ mit $\partial_Y MD \geq 0$, $\partial_r MD \leq 0$, sowie $\partial_M MS \geq 0$, $\partial_r MS \geq 0$ und $\partial_Y MS = 0$.

Es sei nochmals erwähnt, dass f und h vorzeichenerhaltende, monoton steigende Funktionen waren, mit der Eigenschaft, dass $0 = f(0) = h(0)$.

Wenn wir uns die einzelnen Gleichungen aus 1. und 2. als *dynamisches System* betrachten, stellt man fest, dass das System ein *gekoppeltes* System ist. Wir werden feststellen, dass diese gegenseitige *Abhängigkeit* zu Rückkopplungen führen kann, wodurch ein Gleichgewicht verhindert und Zyklen ermöglicht werden können. Da ökonomische Zusammenhänge meistens durch nichtlineare Gleichungen beschrieben werden, konzentrieren wir uns hier auch nur auf derartige Zusammenhänge. Dies gibt uns Einblicke, die durch einfache, *statische Wald-und-Wiesen*-Modelle nicht ansatzweise ermöglicht worden wären.

4.1 Das System und seine Stabilitätsanalyse

Wir möchten das Zusammenspiel von Konjunktur und Zins analysieren. Durch die Stabilitätsanalyse des Systems

$$Y'(t) = f(I(Y,r) - S(Y,r))$$

$$r'(t) = h(MD(Y,r) - MS(M,r)) \quad (3),$$

können wir qualitative Aussagen über stabile Zustände, Zyklen oder ungebremstes Wachstum - sowohl positiv als auch negativ - tätigen. Dies führt uns auch vor Augen, wie wichtig alleine schon der Zusammenhang zwischen (nur) diesen beiden Größen ist. Um zu dieser Stabilitätsanalyse zu gelangen, holen wir zunächst weit aus .

4.1.1 Gleichung 1: *Dynamik des Einkommens*

In 1. war und ist die Annahme, dass die Investitionsfunktion mit steigenden Volkseinkommen Y ebenfalls steigt. Es ist allerdings zu beachten, dass dieser Zusammenhang nicht zwingend linear sein muss; im Falle des linearen Zusammenhangs würde man von einem *Normalfall* sprechen, wenn das wirtschaftliche Umfeld *stabil* ist. Wenn wir nun die Zinsen r als konstant annehmen, gibt es drei Fälle, die wir kombinieren wollen zu einer (typischen) Investitionsfunktion einer Industrienation, die nur vom Volkseinkommen Y abhängt:

i) $\partial_Y I = c > 0$ konstant, also lineare Steigung der Investition um c mit steigendem Y.

ii) $\partial_Y I > 0$, $\partial_{Y^2} I < 0$, d.h. Steigung der Investition mit steigendem Y, aber die Steigungsrate nimmt ab.

iii) $\partial_Y I > 0$, $\partial_{Y^2} I > 0$, d.h. Steigung der Investition mit steigendem Y, aber, ab einem gewissen Zeitpunkt, nimmt die Steigungsrate zu.

Es gibt also ein $\hat{Y}$ derart, dass $\partial_Y I > 0$, $\partial_{Y^2} I > 0$ für $Y < \hat{Y}$ und $\partial_Y I > 0$, $\partial_{Y^2} I < 0$ für $Y > \hat{Y}$. *Was bedeutet das?* Zunächst bedeutet dies graphisch für eine Investitionsfunktion, dass diese *S-förmig* verläuft.

Analog wollen wir nun die Sparfunktion *S(Y)*, d.h. r sei weiterhin konstant, anschaulich darstellen. Auch hier könnten wir die selben drei Fälle betrachten wie bei der Investitionsfunktion, doch nun gibt es eine Besonderheit, die man nicht unter den Teppich kehren darf:

$$\text{Wir haben die Schranken } 0 \underset{\bar{1.}}{\leq} \partial_Y S \overset{*}{\leq} 1 \text{ an jeder Stelle von } Y.$$

*Was ist denn hier * passiert?* Die Antwort ist so kurz wie simpel: Es kann nicht mehr gespart werden, als an Einkommen vorhanden ist. Wir wollen nun im Folgenden davon ausgehen, dass $\partial_Y S = \tilde{c} > 0$ für ein $\tilde{c} \in (0, 1]$, d.h. wir betrachten eine lineare Sparfunktion. Endlich können wir *Gleichgewichtspunkte* und *Stabilität* von 1. untersuchen. Man kann hingehen, und alle Fälle von *I(Y)* einzeln betrachten, oder man nehme sich direkt die *s-förmige* Investitionsfunktion, die diese Fälle miteinander kombiniert.

12

Schaubild

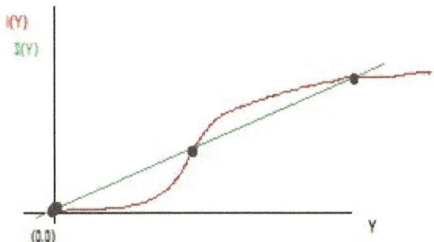

Abbildung 3.0: eine s-förige Investitionsfunktion und eine lineare Sparfunktion

Offenbar haben wir maximal drei *Gleichgewichtspunkte*. Der erste (linke) Gleichgewichtspunkt ist trivialerweise stabil. Der mittlere Gleichgewichtspunkt sei $\overset{**}{Y}$.

Weil $\quad Y'(t) = f(I(Y) - S(Y)) < 0$ für $Y < \overset{**}{Y}$ und $Y'(t) = f(I(Y) - S(Y)) > 0$ für $Y > \overset{**}{Y}$,

zeigt die Steigung links von $\overset{**}{Y}$ nach links und rechts von $\overset{**}{Y}$ nach rechts, d.h. von $\overset{**}{Y}$ weg. Damit ist $\overset{**}{Y}$ instabiler Gleichgewichtspunkt.

Für den rechten Gleichgewichtspunkt $\overset{***}{Y}$ erhält man

$Y'(t) = f(I(Y) - S(Y)) > 0$ für $Y < \overset{***}{Y}$ und $\quad Y'(t) = f(I(Y) - S(Y)) < 0$ für $Y > \overset{***}{Y}$.

Damit zeigt die Steigung links von $\overset{***}{Y}$ nach rechts und rechts von $\overset{***}{Y}$ nach links, d.h. jeweils auf $\overset{***}{Y}$. $\overset{***}{Y}$ ist also ein stabiler Gleichgewichtspunkt.

Warnung: Je nach Startpunkt von Y, kann sich das Einkommen in einen Fixpunkt verlaufen, der möglicherweise *zu tief* liegt. Da aber ein möglichst hohes Einkommen das angestrebte Ziel ist, ist die bisher betrachtete Form noch unbefriedigend. Man beachte, dass wenig Spielraum der Änderung des obigen Zustandes gegeben ist, da wir bisher auch noch nicht die Zinsen in unser Modell mit aufgenommen haben. Ein aus der Staatskasse finanziertes Konjunkturpaket, könnte zu einer kurzfristigen Erhöhung von Y (in Richtung eines höherliegenden Fixpunktes) führen.

13

4.1.2 Gleichung 2: *Dynamik des Zinses*

Bisher hatten wir in unserem Modell die Zinsen als konstant angenommen, wodurch unsere Investitions- bzw. Sparfunktion nicht durch Zinsschwankungen in ihrer Lage gestört wurde. Durch Einführung des Zinses in unser Modell, ergibt sich also eine Dynamik für den Zins (gemäß der Gleichung in 2.), welche die Investitionen und das Sparen beeinflussen. Das Problem ist nun, dass die Änderung von Einkommen Y, beeinflusst durch Zinsen r, wiederum eine Wirkung auf r hat. Bei diesem Phänomen spricht man von *Rückkopplungen*. Wir wollen nun untersuchen, wann derartige Rückkopplungen zu *Zyklen* bzw. *Grenzzyklen* führen können.

Geldnachfragefunktion $MD(Y,r)$:

Man darf, da ökonomisch sinnvoll, davon ausgehen, dass bei einem vorhandenen hohen Zinsniveau eine *Abnahme der Zinssensitivität* und dadurch ein *abnehmender Grenzertrag aus zusätzlicher Bargelderhaltung* vorliegt, da es sich in diesem Fall nicht lohnt, viel Bargeld zu führen. Wir haben also

$$\partial_r MD < 0, \ \partial_{r^2} MD > 0 \text{ und } \partial_Y MD > 0. \ (3.1)$$

Oder anders gesagt: Die Geldnachfrage sinkt mit steigendem r und steigt mit steigendem Y.

Geldangebot $MS(M,r)$:

Wir müssen unterscheiden: Ist die Geldmenge $M = M^*$ konstant, was aber auch bedeutet, dass $\partial_r MS = 0$, oder gibt es zusätzlich eine Abhängigkeit des Geldangebotes von den Zinsen? In diesem Fall wäre die Abhängigkeit positiv, d.h. $\partial_r MS > 0$, denn bei hohen Zinsen, werden die Banken Kredite vergeben, da höhere Zinsen in diesem Fall für sie eine höhere Einnahme bedeuten. Wir einigen uns darauf, dass der Verlauf der Zinsabhängigkeit des Geldangebotes einer *linearen* Zunahme entspricht, was nichts anderes heißt, als das $\partial_{r^2} MS = 0$. Folglich haben wir

$$\partial_r MS = 0 \text{ mit Geldmenge } M^* \text{konstant.} \ (3.2)$$

oder

$$\partial_r MS > 0, \ \partial_{r^2} MS = 0, \ M \text{ variabel.} \ (3.3)$$

Nachdem wir nun diese Eigenschaften verabredet haben, können wir auch hier schlussendlich *Gleichung 2* auf *Gleichgewichtspunkte* und *Stabilität* untersuchen.

14

Das Zinsniveau ändert sich, solange $MD \neq MS$ gilt, denn dann gilt auch $r'(t) = h(MD - MS) \neq 0$. Dies bedeutet, dass gerade der Zins r die Ausgleichgröße zwischen Geldangebot und Geldnachfrage ist. Folglich gibt es nur einen Fixpunkt, welcher *stabil* ist. Das Zinsniveau r^*, bei welchem dieser Fixpunkt erreicht wird, ist dabei von der Lage der Angebots- bzw. Nachfragefunktion abhängig.

4.1.3 Zusammenspiel von Einkommen und Zins

Wir haben die Dynamik des Einkommens und die des Zinses nun getrennt voneinander betrachtet. Dabei haben wir allerdings die jeweils andere Größe außen vorgelassen bzw. exogen angenommen. Da - wie bereits bemerkt - sich aber Y und r gegenseitig (und als *2D-System* gesehen gleichzeitig) beeinflussen, reicht die separierte Betrachtung noch nicht aus. Wir wollen diesen *Missstand* derart *fixieren*, indem wir einzeln die gegenseitigen Einflüsse diskutieren.

Einfluss des Zinsniveaus auf Gleichung 1

Wir hatten bisher $Y'(t) = f(I(Y, r) - S(Y, r))$ nur mit konstantem Zins betrachtet. Das bedeutet, wir brauchen nun zusätzlich die Reaktion von I und S auf Änderungen des Zinses bzw. Zinsschwankungen. Dies wiederum heißt aber auch, dass wir zusätzlich auch die Reaktion von Y' und Y auf Zinsschwankungen brauchen. Bereits zu Anfang dieses Kapitels (bzw. in dem davor), hatten wir festgehalten, dass für höhere Zinsen weniger investiert wird[11], d.h.

$$\partial_r I \leq 0.$$

Das genaue Investitionsverhalten kann folgende Gestalt annehmen:

a)

     parallele Verschiebung von I

b)

     Drehung von I (wir werden nur eine Drehung nach oben bzw. unten - je nach Zinsänderung - betrachten)

     →je höher das Einkommen, desto mehr wirkt sich die Zinsänderung aus.

Es bleibt noch die Auswirkung von Zinsschwankungen auf das Sparverhalten. Aus unserer Herleitung und 1. wissen wir, dass

$$\partial_r S \geq 0,$$

d.h. bei größer werdenden Zinsen, wird mehr gespart. Das genaue Sparverhalten kann analog aufgeteilt werden zum Investitionsverhalten.

---

[11]Finanzierungskosten steigen bei steigenden Zinsen

Einfluss des Einkommens auf Gleichung 2

Es bleibt noch die Frage zu klären, wie sich Schwankungen des Einkommens auf $r'(t) = h(MD(Y,r) - MS(M,r))$ auswirken. Wir haben bereits gesehen, dass $\partial_Y MD \geq 0$ gilt, da mit zunehmenden Einkommen die Nachfrage nach Geld gesteigert wird. Ein höheres Einkommen führt dann zu einer Verschiebung bzw. Drehung der MD-Kurve nach oben (analoge Unterteilung wie beim Investitionsverhalten). Wie man anhand der Gleichung schon sieht, ist das Geldangebot i.d.R. nicht von Y abhängig, woraus sofort folgt, dass $\partial_Y MS = 0$.

Wir haben jetzt also auch den gegenseitigen Einfluss von *Gleichung 1* auf *Gleichung 2* herausgestellt. Nun möchten wir gerne Aussagen über das dynamische Verhalten unseres *Systems* (3) treffen können. Daher machen wir hier eine *Stabilitätsanalyse*.

4.1.4 Stabilitätsanalyse des 2-Dimensionalen Systems

Wir gehen davon aus, dass *ein Gleichgewichtspunkt* (Y^*, r^*) existiert, d.h. es gilt:
$$(Y'(t) =) f(I(Y^*, r^*) - S(Y^*, r^*)) = 0$$
$$(r'(t) =) h(MD(Y^*, r^*) - MS(r^*)) = 0.$$

Da es sich um ein *nichtlineares System* handelt, linearisieren wir es mit Hilfe der *Jacobi-Matrix* lokal um die *Gleichgewichtspunkte*.

Definition: Die *Jacobi-Matrix* $J(f,h)$ unseres *Systems* bezeichnen wir wie folgt:

$$J(f,h) = \begin{pmatrix} \partial_Y f & \partial_r f \\ \partial_Y h & \partial_r h \end{pmatrix} = \begin{pmatrix} f_Y & f_r \\ h_Y & h_r \end{pmatrix}. \quad (3.4)$$

Aufgrund von (3.4) haben wir für unsere *Jacobi-Matrix*

$$J(f,h) = \begin{pmatrix} f_Y & f_r \\ h_Y & h_r \end{pmatrix}$$
$$= \begin{pmatrix} \partial_{I-S} f(I-S)(I_Y - S_Y) & \partial_{I-S} f(I-S)(I_r - S_r) \\ \partial_{MD-MS} h(MD-MS)(MD_Y - MS_Y) & \partial_{MD-MS} h(MD-MS)(MD_r - MS_r) \end{pmatrix}$$

Da dies nicht gerade der Übersichtlichkeit dient, sondern vielmehr beim Leser Stirnrunzeln und Haarausfall verursachen kann, machen wir für eine weitere Betrachtung die folgenden Annahmen:

$$\begin{cases} f(x) = \alpha x & mit\ \alpha > 0 \\ h(x) = \beta x & mit\ \beta > 0 \end{cases},$$

wobei α und β entsprechende *Anpassungsgeschwindigkeiten* darstellen sollen.

Damit wir überhaupt an dieser Stelle weiter machen können, wählen wir als Näherung einen *linearen* Ansatz aus reiner Bequemlichkeit. So erhalten wir durch unsere Anpassungsfunktionen für f und h, dass sich unsere *Jacobi-Matrix "vereinfacht"* zu

$$J(f,h) \overset{*}{=} \begin{pmatrix} \alpha(I_Y - S_Y) & \alpha(I_r - S_r) \\ \beta(MD_Y - MS_Y) & \beta(MD_r - MS_r) \end{pmatrix}, \text{ wobei wir in * lediglich}$$

benutzt haben, dass $\frac{d\alpha x}{dx} = \alpha$ und analog $\frac{d\beta x}{x} = \beta$, wobei hier $x \in \{I - S, MD - MS\}$.

Betrachten wir nun unser *linearisiertes System* lokal um unseren *Gleichgewichtspunkt*, so sagt das HARTMAN-GROBMAN-THEOREM (HGT) gerade aus, dass dieses - linearisierte - System dort mit unserem ursprünglichen - nichtlinearen - System im Verhalten übereinstimmt. Deshalb seien die folgenden Aussagen immer so zu verstehen, dass man die Jacobi-Matrix an der Gleichgewichtsstelle betrachtet. Man sollte hier aber nicht müde werden zu betonen, dass die Realteile der Eigenwerte des linearisierten Systems hierbei nicht verschwinden dürfen, d.h. kurz $Re(\lambda_{1,2}) = 0$ mit λ_i, $i = 1, 2$ Eigenwert. Für einen derartigen Spezialfall können wir nicht auf dieses Theorem zurückgreifen. Wir können uns nun ans Werk machen und qualitative Aussagen über unser System tätigen.

4.1.5 Qualitative Aussagen über das Einkommen-Zins-System

Mit Hilfe der Eigenwerte unserer *Jacobi-Matrix* können wir nun Aussagen über das dynamische Verhalten unseres ursprünglichen Einkommen-Zins-Systems tätigen. Dass dies so funktioniert, garantiert uns besagtes Theorem von HARTMAN-GROBMAN. Das heißt, wir können wie im linearen Fall, also mit einer **konstanten** Koeffizientenmatrix, unser *2-Dimensionales* System hinsichtlich der Stabilität *klassifizieren*. Die Eigenwerte λ_i erhalten wir - wie üblich - über die Nullstellen des charakteristischen Polynoms $\chi(\lambda)$ unserer Jacobi-Matrix. Aufgrund von kürzerer Schreibarbeit, vereinbaren wir

- $a = -Spur(J(f,h)) = -(\alpha(I_Y - S_Y) + \beta(MD_r - MS_r))$

- $b = det(J(f,h)) = \alpha(I_Y - S_Y)\beta(MD_r - MS_r) - \alpha(I_r - S_r)\beta(MD_Y - MS_Y)$.

Damit ergibt sich für unser charakteristisches Polynom: $\chi(\lambda) = \lambda^2 + a\lambda + b$, woraus folgt, dass

$$\lambda_{1,2} = -\tfrac{1}{2}a \pm \sqrt{a^2 - 4b}$$

$$\underbrace{= \tfrac{1}{2}(\alpha(I_Y - S_Y) + \beta(MD_r - MS_r))}_{a,b \text{ eingesetzt}}$$

$$\pm \sqrt{(\alpha(I_Y - S_Y) + \beta(MD_r - MS_r))^2 - 4\alpha\beta((I_Y - S_Y)(MD_r - MS_r) - (I_r - S_r)(MD_Y - }$$

Wir nennen den Term unter der Wurzel kurzer Hand d.

Das Verhalten können wir nun über die Eigenwerte bestimmen. In unserem Fall können verschiedene Fälle auftreten, die wir uns nun einzeln betrachten wollen. Auch wenn wir mehrfach MS_Y schreiben, so können wir - im Zuge unserer Annahmen - dies auch weglassen, da das Geldangebot nicht vom Einkommen abhängt. Wir haben also $MS_Y = 0$. An dieser Stelle möchten wir zunächst noch eine Abbildung ergänzen, die uns zeigt, was für ein Verhalten wir in den verschiedenen Fällen dann vorfinden können.

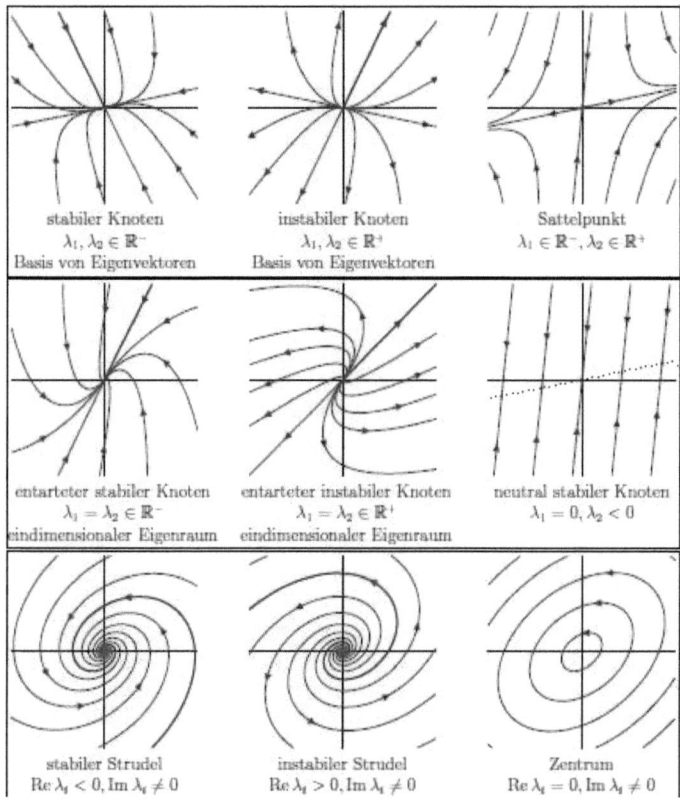

stabiler Knoten
$\lambda_1, \lambda_2 \in \mathbb{R}^-$
Basis von Eigenvektoren

instabiler Knoten
$\lambda_1, \lambda_2 \in \mathbb{R}^+$
Basis von Eigenvektoren

Sattelpunkt
$\lambda_1 \in \mathbb{R}^-, \lambda_2 \in \mathbb{R}^+$

entarteter stabiler Knoten
$\lambda_1 = \lambda_2 \in \mathbb{R}^-$
eindimensionaler Eigenraum

entarteter instabiler Knoten
$\lambda_1 = \lambda_2 \in \mathbb{R}^+$
eindimensionaler Eigenraum

neutral stabiler Knoten
$\lambda_1 = 0, \lambda_2 < 0$

stabiler Strudel
$\operatorname{Re} \lambda_i < 0, \operatorname{Im} \lambda_i \neq 0$

instabiler Strudel
$\operatorname{Re} \lambda_i > 0, \operatorname{Im} \lambda_i \neq 0$

Zentrum
$\operatorname{Re} \lambda_i = 0, \operatorname{Im} \lambda_i \neq 0$

Die Abbildung 3.4.1 zeigt uns das Verhalten für unterschiedliche Eigenwert-Eigenschaften
(Quelle: Analysis II Skript, Prof.Dr. Sweers)

Fall-Unterscheidungen: Wir haben $MD_r - MS_r < 0$ und $MD_Y - MS_Y = MD_Y > 0$. (3.5)

- $d < 0$: in diesem Fall haben wir Eigenwerte $\lambda_{1,2}$ derart, dass $Im(\lambda_{1,2}) \neq 0$. Anhand unserer Abbildung 3.4.1 können wir also feststellen, dass wir entweder spiralförmige (für $Re(\lambda_{1,2}) < 0$ stabil oder $Re(\lambda_{1,2}) > 0$ instabil) oder kreisförmige Bewegungen (Zyklen) haben für $Re(\lambda_{1,2}) = 0$.

$\underset{HGT}{\Longrightarrow}$ In einer Umgebung von (Y^*, r^*) hat unser System (3) dasselbe Verhalten

- $d > 0$: hier haben wir rein reelle Eigenwerte und je nach Vorzeichen von $a = -(\alpha(I_Y - S_Y) + \beta(MD_r - MS_r))$ haben wir (in)stabile Knoten, d.h. Bewegungen auf einen Gleichgewichtspunkt hin oder davon weg (selbstverständlich könnten auch Sattelpunkte und entartete Knoten entstehen). In diesem Fall gibt es also keine Zyklen.

$\underset{HGT}{\Longrightarrow}$ Lokal um (Y^*, r^*) hat unser System (3) monoton steigende (fallende) Bewegungen, mit Ausnahme des Falles $\lambda_1 = \lambda_2$. Hier können keine Zyklen entstehen.

Wovon hängt das Vorzeichen von d ab? Wir haben

$$d = (\alpha(I_Y - S_Y) + \beta(MD_r - MS_r))^2 - 4\alpha\beta((I_Y - S_Y)(MD_r - MS_r) - (I_r - S_r)(MD_Y - MS_Y)).$$

Der quadratische Term ist offensichtlich nichtnegativ. Entscheidend für das Vorzeichen ist also nur der andere Term (konkret das Vorzeichen der Determinante b der Jacobi-Matrix). Mit (3.5) stellt man fest, dass das Vorzeichen je von Investitions- und Sparneigung, also auch von der Reaktion der Sparer/Investoren auf die Zinsänderung abhängig ist.

Weiter müssen wir noch eine Vorzeichenbetrachtung des Termes vor der Wurzel durchführen.

Wir definieren $\tilde{a} = \frac{1}{2}(\alpha(I_Y - S_Y) + \beta(MD_r - MS_r))$ für unseren Term vor der Wurzel. Wann ist $\tilde{a} = 0$? Umformung der Gleichung (für $\tilde{a} = 0$) liefert uns

$$\alpha = -\frac{\beta(MD_r - MS_r)}{(I_Y - S_Y)}.$$

Weil α, $\beta > 0$ nach Annahme und wegen (3.5) kann es nur dann <u>eine</u> Lösung geben, wenn das Vorzeichen des Nenners positiv ist, also

$$I_Y - S_Y > 0 \ . \ (3.6)$$

Die Bedingung in (3.6) liefert uns sogar eine *notwendige Voraussetzung* für die Existenz von *Grenzzyklen* im Sinne von HOPF (dazu später mehr). Was passiert, wenn (3.6) nicht gilt? Für $I_Y - S_Y < 0$ ist auch $\tilde{a} = \frac{1}{2}(\alpha(\underset{<0}{I_Y - S_Y}) + \beta(\underset{<0}{MD_r - MS_r})) < 0$. Hieraus folgt unmittelbar, dass es mindestens einen Eigenwert gibt, so dass $Re(\lambda_i) < 0$.

Abschließende Zusammenfassung: Unser System kann folgende Verhaltensmuster lokal aufweisen:

1. $I_Y - S_Y > 0$ und $d < 0$. Für eine geeignete Kombination der Anpassungsgeschwindigkeit kann das System Grenzzyklen aufweisen (wie später). Weiter kann aber ein stabiles/instabiles Verhalten des Systems möglich sein.

2. $I_Y - S_Y < 0$. Es gibt mindestens einen Eigenwert mit negativem Realteil. Somit ist ein Zentrum ausgeschlossen (vergleiche Abbildung 3.4.1). Das System kann insgesamt stabiles oder instabiles Verhalten aufweisen.

3. $I_Y - S_Y < 0$ und $d < 0$. Die Eigenwerte sind komplex konjugiert zueinander mit negativem Realteil. Wir haben einen stabilen Strudel und nichts anderes ist möglich.

Wir haben bereits in Abschnitt 4.1.1 festgestellt, dass bei konstanten (!) Zinsen (3.6) eine notwendige Bedingung für einen instabilen Gleichgewichtspunkt war (vergleiche Schaubild). Man sieht also, dass bei einer vorhandenen Zinsdynamik ein instabiler Gleichgewichtspunkt dadurch *stabilisiert* werden kann. Weiter hatten wir in Abschnitt 4.1.1 die Schranken $0 \leq S_Y \leq 1$ herauskristallisiert. Hiermit folgt unmittelbar, dass uns die Investitionsfunktion alleine schon viel Auskunft geben kann über das Verhalten des Systems, denn:

- Gilt $I_Y > 1$, dann auch $I_Y - S_Y \underset{\substack{S_Y \leq 1 \\ 1.}}{>} 0 \Longrightarrow$ Möglichkeit von Grenzzyklen.

- Gilt $I_Y < 0$, dann auch $I_Y - S_Y \underset{\substack{S_Y \geq 0 \\ 2.}}{<} 0 \Longrightarrow$ Kein Zentrum (geschlossene Bahnen) möglich.

4.2 Existenz von Grenzzyklen

Wir haben im vorangegangen Teil gesehen, dass Grenzzyklen existieren können, mit eindeutigen Anpassungsgeschwindigkeiten α, β. Im *2-Dimensionalen* Fall haben wir bereits in unserer Abbildung 3.4.1 gesehen, dass wir dann eine periodische, geschlossene Bewegung um unseren Gleichgewichtspunkt herum haben, die wir Zentrum genannt haben. Dieses Phänomen tritt allerdings bevorzugt bei linearen Systemen auf. Grenzzyklen hingegen sind Erscheinungen, die nur bei nichtlinearen Systemen auftreten können. Wollen wir nun mehr über derartige Grenzzyklen, insbesondere in unserem System, erfahren, müssen wir einen Schritt weiter gehen und Kriterien aufstellen, für die Existenz. Ein *hinreichendes Kriterium* liefert uns die Theorie der dynamischen Systeme über das HOPF-BIFURKATIONS-THEOREM.

Eine HOPF-VERZWEIGUNG ist eine lokal auftretende Verzweigung bei nichtlinearen Systemen. Wir brauchen mindestens einen frei wählbaren Parameter, nach dessen Variation, die stationäre Lösung unseres Systems ihre Stabilität verliert und in einen Grenzzyklus übergeht. In unserem Fall sind lediglich unsere Anpassungsgeschwindigkeiten α und β frei wählbar. Wir entscheiden uns für α.

4.2.1 Forderungen von HOPF:

Wenn für unseren Parameter $\alpha = \alpha^*$

- $J(h,f)|_{(Y,r)=(Y^*,r^*)}$ zwei rein imaginäre Eigenwerte bei diesem Parameter hat, d.h. hier $a(\alpha^*) = 0$

- $\frac{da(\alpha^*)}{\alpha} \neq 0$

erfüllt ist, dann hat das System *mindestens* eine periodische Bahn. Man beachte, dass hierbei noch keine qualitative Aussage über die Stabilität des Systems und Anzahl der Zyklen gemacht wird. In unserer bisherigen Betrachtung haben wir festgestellt, dass Grenzzyklen erst dann existieren können, wenn

$$\alpha = -\frac{\beta(MD_r - MS_r)}{(I_Y - S_Y)} \quad (3.7)$$

gilt, und zusätzlich, dass $d < 0$, denn sonst hätten wir keine komplex konjugierten Eigenwerte. Für $d = a^2 - 4b < 0$, ist es also zwingend, dass $b > 0$ und insbesondere $b(\alpha^*) > 0$ gilt. Wie wählen wir also unseren Parameter α^*? So wie in (3.7). Damit (3.7) erfüllt ist, muss aber auch (3.6) erfüllt sein, also $I_Y - S_Y > 0$. Für $\beta = \beta^*$ finden wir also immer ein α^* mit

$$\alpha^* = -\frac{\beta^*(MD_r - MS_r)}{(I_Y - S_Y)} \quad (3.8).$$

Wir prüfen für diesen Parameter unsere Forderungen von HOPF.

Es gilt $a = -spur(J(f,h)|_{(Y,r)=(Y^*,r^*)})$ und damit

$a(\alpha^*) \overset{(3.8)}{=} -(-\frac{\beta^*(MD_r - MS_r)}{(I_Y - S_Y)} \cdot (I_Y - S_Y) + \beta^*(MD_r - MS_r)) = -0 = 0$. Des Weiteren gilt, dass

$$\frac{da(\alpha,\beta)}{d\alpha} = -(I_Y - S_Y) \underset{(3.6)}{<} 0 \text{ und somit auch } \frac{da(\alpha^*)}{d\alpha} \neq 0.$$

Wir haben also unsere Forderungn von HOPF für diesen Parameter erfüllt. Zusätzlich brauchen wir aber noch, dass $b(\alpha^*) > 0$ gilt, damit wir komplex konjugierte Eigenwerte haben. Es gilt

$b = det(J(f,h)|_{(Y,r)=(Y^*,r^*)}) =$
$\alpha(I_Y - S_Y) \cdot \beta(MD_r - MS_r) - \alpha(I_r - S_r) \cdot \beta(MD_Y - MS_Y)$

22

für $\alpha = \alpha^*$ und $\beta = \beta^*$ folgt, dass

$$b(\alpha^*, \beta^*) = \beta^{*2} \cdot (MD_r - MS_r) \cdot [-(MD_r - MS_r) + (I_r - S_r) \cdot \tfrac{MD_Y - MS_Y}{I_Y - S_Y}] \overset{!}{>} 0$$

dann und nur dann erfüllt ist, wenn

$$I_r - S_r < 0 \ (3.9),$$

wegen der Vorzeicheneigenschaften aus (3.5) und (3.6).

Wir haben jetzt alles zusammen, um einen Satz über die Existenz von Grenzzyklen nach HOPF in unserem System zu formulieren.

4.2.2 Existenzsatz für Grenzzyklen im EZS:

Voraussetzungen: Die Eigenschaften (3.6) und (3.9) müssen gleichzeitig erfüllt sein.

Satz: Mit Hilfe von HOPF und Wahl des Parameters wie in (3.8) haben wir ein *hinreichendes* Kriterium für die Existenz von Grenzzyklen in unserem System (3).

Bemerkung: Dies bedeutet ökonomisch, dass die Investitionsfunktion *I(Y)* im instabilen Gleichgewichtspunkt Y^{**} steiler ansteigen muss als die Sparfunktion *S(Y)* (vgl. Abbildung 3.0), um einen Grenzzyklus im Sinne von HOPF zu ermöglichen.

5 Fazit

Rückblickend auf die Abschnitte 2 bis 4, lässt sich festhalten, dass das Investitionsverhalten entscheidend und in einer domierenden Position das Verhalten des EZS prägt. Insbesondere können alleine durch Investitions- und Sparverhalten der Marktteilnehmer bzgl. von Einkommensänderungen qualitative Aussagen über das Verhalten des Systems getätigt werden. Man sollte besonders das Augenmerk darauf richten, dass mit diesem *Wissen* das Investitionsverhalten von Seiten des Staates manipuliert und dadurch unmittelbar Einfluss auf unser System genommen werden kann. Wir haben aber auch gesehen, dass viele Hilfsfunktionen und Konstruktionen sowie vereinfachte Annahmen benötigt wurden, um etwaige Aussagen wie in Abschnitt 4 zu treffen, so dass wir letztlich, in vollster Allgemeinheit, unsere Theorie von dynamischen Systemen genauso gut gegen eine *Glaskugel* austauschen könnten. Wir haben aber gesehen, wie sich unser EZS verhalten kann und unter welchen Voraussetzungen wir Grenzzyklen vorfinden können. Somit haben wir wesentliche Beziehungen zwischen Einkommen und Zinsen herausgestellt mit Hilfe einer nichtlinearen, dynamischen Betrachtung, ohne dabei die gängigen Annahmen aus der Makroökonomie zu verletzen.

Literatur

[1] Beat Thoma, *Dynamische Prozesse in der Ökonomie und an den Finanz-märkten*, Oldenburg

[2] Guido Sweers, *Skript zur Analysis II 2010*, Universität zu Köln (S.37)

[3] Helge Braun, *Skript zu Grundzüge der Makroökonomie 2011*, Universität zu Köln